FORSCHUNGSBERICHTE DES LANDES NORDRHEIN-WESTFALEN

Nr. 1936

Herausgegeben im Auftrage des Ministerpräsidenten Heinz Kühn
von Staatssekretär Professor Dr. h. c. Dr. E. h. Leo Brandt

DK 672.2.001.5:648.2:620.169.1

Dr.-Ing. Oswald Viertel
Textilchemiker Oskar Oldenroth

Wäschereiforschung Krefeld e.V.

Untersuchungen über den Einfluß der Tragedauer und unterschiedlicher Waschverfahren auf den Erhaltungszustand der Wäsche

WESTDEUTSCHER VERLAG · KÖLN UND OPLADEN 1968

Inhalt

I. Einleitung

Der Gebrauchswert von Wäsche setzt sich aus einer Vielzahl von Faktoren zusammen, die bei einer guten Ware maximal aufeinander abgestimmt sein sollten. Auch die wirtschaftliche Bedeutung sollte dabei berücksichtigt werden, sonst kommt ein Teil der investierten Material- und Lohnkosten nicht zur Auswirkung. Nicht selten wird der Gebrauchswert falsch ausgelegt und mit anderen Begriffen verwechselt. H. Sommer [1] definierte ihn sehr klar verständlich als: »Eigenschaft eines Erzeugnisses, um eine bestimmte Funktion während längerer Zeit auszuüben«. Dabei werden zwei entscheidende Faktoren hervorgehoben: Verwendungszweck und Zeitdauer.

Oft zeigt sich bei Reklamationen, daß Textilien für den falschen *Verwendungszweck* eingesetzt werden und daher den Beanspruchungen nicht standhalten. So ist beispielsweise ein Vorhangstoff als Nachthemden- oder Freizeithemdenstoff gänzlich ungeeignet. Die Bewertung der Tragfähigkeit eines Textilstoffes ist also deutlich vom jeweiligen Verwendungszweck abhängig.

Aber auch die *Zeitdauer*, d. h. die Lebensdauer von Textilien, spielt für den Gebrauchswert eine große Rolle. Die Lebensdauer ist jedoch entscheidend abhängig vom Lebensstandard des Trägers, seinen Gebrauchsgewohnheiten und Umwelteinflüssen. Wer im Beruf einen Arbeitskittel über seinem Anzug trägt, beansprucht ihn anders als ein Vertreter, der ständig mit dem Auto unterwegs ist und obendrein noch einen guten Eindruck machen muß. Wie die Festigkeit einer Kette vom schwächsten Glied abhängt, so bestimmt auch die schwächste unter einer Vielzahl von Eigenschaften den Gebrauchswert einer Ware.

Es ist daher wenig sinnvoll, eine Ware, die nur wenig Festigkeit besitzt, mit sehr guten Farbechtheitseigenschaften auszurüsten. Dies bedeutet für den Hersteller verschwendetes Geld und für den Käufer eine zu teure Ware. Jedes Textilerzeugnis sollte daher ganz bestimmte Mindestanforderungen für den jeweiligen Verwendungszweck besitzen, die eine ausreichende Beständigkeit gegenüber der Gebrauchsbeanspruchung gewährleisten.

Gemessen an der Zahl der bisher erschienenen Abhandlungen zu dem Fragenkomplex der Gebrauchswertbestimmung von Textilien ist festzustellen, daß diesem Thema bisher noch nicht allzuviel Arbeiten gewidmet worden sind. Als Ursache hierfür mag die üblicherweise sehr lange Zeitdauer anzusehen sein, die derartige praktische Trage- und Waschversuche erfordern, so daß meist auf die in kurzer Zeit durchzuführenden Prüfungen im Laboratorium zurückgegriffen wird.

In letzter Zeit haben H. Böhringer [2], J. Ilg [3], H. Sommer [4], H. Bock [5] u. a. zur Gebrauchswertbestimmung Stellung genommen. Bei einer derartigen Themastellung sollte allgemein folgendes unterschieden werden:

1. ob längere Tragezeiten, z. B. Oberbekleidung, und nur einzelne Reinigungsbehandlungen üblich sind, oder ob
2. bei kurzzeitigen Trageeinflüssen, z. B. Leibwäsche, Oberhemden, viele Waschbehandlungen einwirken.

Derartige unterschiedliche Einflußgrößen sind bei der Beurteilung des Gebrauchswertes von Textilien recht bedeutungsvoll. Weiterhin ist zu beachten, daß während des Gebrauches örtlich begrenzt sehr stark voneinander abweichende Beanspruchungen auf das Textilgut einwirken, so z. B. bei Oberhemden an den Kragen und Manschetten, bei Kopfkissen im Bereich der Kopflage, bei Bettlaken bevorzugt im Bereich der Körperlage.

In den vorbeschriebenen Bereichen dieser Wäschestücke pflegen zunächst die ersten Schadensbildungen sichtbar in Erscheinung zu treten, wodurch der Gebrauchswert deutlich herabgesetzt wird. Demgegenüber weisen die nicht schadhaft gewordenen übrigen Gewebeteile noch eine befriedigende Festigkeit auf.
Erinnernd sei auf die von J. Ilg [3] besprochenen eindeutigen Befunde verwiesen, wobei die erprobten Bettlaken in den mittleren Gebrauchsbereichen auffällig weitgehender abgenutzt waren als die den Gebrauchseinflüssen nicht ausgesetzten Randflächen. Diese zeigten nach 200maligem Gebrauch und Waschen noch einen bemerkenswert guten Erhaltungszustand.
In diesem Zusammenhang sei auch auf die Arbeiten von R. Kuchinka [6], K. Schuster [7] und H. Stache [8] hingewiesen. Diese Autoren referieren über das Verhalten von Ab- und Einlagerungen organischer bzw. anorganischer Substanzen, die aus den Waschbädern in die Wäschestoffe gelangten. Auf Grund von Laboratoriumsprüfungen werden die Auswirkungen der Einlagerungen auf Griffigkeit, Wärmedurchgang, Reibwiderstand, Saugwert, Wiedertrocknungszeit u. ä. bestimmt. Aus diesen Ergebnissen werden Folgerungen auf die möglichen Gebrauchswertbeeinflussungen gezogen, die jedoch nicht in allen Fällen mit den Beobachtungen der Praxis übereinstimmen, so daß derartige Rückschlüsse nicht ohne weiteres zu verallgemeinern sind.
In der letzten Zeit hat F. M. Schimmel [9] über »Verschleiß von Trockentüchern durch Gebrauch und durch Waschen und Trocknen in Trommelautomaten« berichtet. Er kommt zu der Schlußfolgerung, daß der durch Trocknen in einem Trommeltrockner verursachte Verschleiß von Trockentüchern sehr viel kleiner ist als der Verschleiß, der beim Gebrauch und Waschen dieser Tücher auftritt. Ferner stellte er fest, daß der Gebrauch die Festigkeit viel stärker beeinträchtigt als das Waschen.
In der Arbeit »Über die Wäschebeanspruchung beim maschinellen Trocknen« kommt H. Schmidt [10] ebenfalls zu dem Ergebnis, daß diese Beanspruchung gering ist im Vergleich zur Abnutzung der Wäsche im Gebrauch.
Diese verschiedenen Untersuchungen veranlaßten uns, noch einmal systematische Versuche über den Einfluß der Tragedauer einerseits und unterschiedlicher Waschverfahren andererseits auf den Erhaltungszustand der Wäsche durchzuführen.

II. Versuchsanordnung

1. Wäschearten und Benutzungszeiten

Um einen Überblick über den Einfluß unterschiedlicher Tragedauer und verschiedener Waschverfahren auf den Gebrauchswert von Wäschestücken zu erhalten, wurden folgende Erprobungen durchgeführt.

Als *Wäschestücke* fanden Verwendung:

1. Herrenoberhemden, weiß, aus Baumwolle, normal ausgerüstet und sanforisiert
2. Trikotunterhemden aus Baumwolle
3. Gerstenkornhandtücher aus Baumwollzwirn
4. Kopfkissenbezüge aus Baumwolle
   a) schwere Qualität
   b) leichte Qualität

Technologischer Aufbau der Kopfkissen-Qualitäten:

	schwere Qualität Kette	schwere Qualität Schuß	leichte Qualität Kette	leichte Qualität Schuß
Fadenzahl je cm	22,5	20	34	34
Garnnummer	50 tex	50 tex	20 tex	20 tex
Bindung	L 1/1		L 1/1	
Stoffgewicht (g/m^2)	218		130	

Diese verschiedenen Textilien wurden ausgewählt, da sie im Gebrauch erfahrungsgemäß recht unterschiedlichen Beanspruchungen ausgesetzt sind.
Die *Gebrauchszeit* dieser Wäschestücke betrug jeweils 1, 3 und 5 Tage. Durch die unterschiedlich lange Tragedauer war die Gewähr gegeben, daß die Wäschestücke verschieden stark verschmutzt wurden. Je Wäscheart wurden 2 Partien benutzt, wobei die eine Partie sofort nach der jeweiligen Gebrauchszeit und die andere Partie erst nach einer Lagerung von 4 Wochen gewaschen wurde. Hierdurch sollte der *Einfluß der Lagerung schmutziger Wäsche auf die Schmutzauswaschbarkeit und auf den Erhaltungszustand der Wäsche* untersucht werden.

2. Trageversuche

Die Trageversuche wurden von Angehörigen des Institutes durchgeführt. Nach jeweils 5 Wiederholungen (Trage- und Waschversuche) wurden die verschiedenen Wäschestücke (Oberhemden, Unterhemden und Kopfkissen) visuell auf äußere Beschaffenheit abgemustert. Dadurch sollte sowohl der Einfluß der Tragedauer als auch der Einfluß der verschiedenen Träger erfaßt werden. Die beim Tragen besonders mechanisch beanspruchten Stellen, wie Kragen und Manschetten der Oberhemden, Träger der Unterhemden und Bereich der Kopflage bei den Kopfkissen, wurden von jeweils 3 Personen gegutachtet und etwaige eingetretene Schäden in einer Tabelle zusammengestellt. Von typischen Beschädigungen wurden Fotografien angefertigt, um den zeitlichen Verlauf der Beschädigungen festzuhalten.

3. Waschverfahren

Für die zeitlich unterschiedlich lange getragenen bzw. gebrauchten Wäschestücke fanden 3 verschiedene Waschverfahren Anwendung. Diese Waschverfahren waren auf den jeweiligen Verschmutzungsgrad der Wäsche abgestellt. Gewaschen wurde in einer Trommelwaschmaschine, das Füllgewicht betrug 14 l/kg, das Flottenverhältnis 6 l/kg. Als Waschmittel fand ein Markenvollwaschmittel des Handels Anwendung.

Waschen	Waschmittel	Temperatur	Zeit
Waschverfahren für 1 Tragetag			
1. Bad	7 g/l	85° C	15 min
Waschverfahren für 2 Tragetage			
1. Bad	6 g/l	40° C	6 min
2. Bad	8 g/l	90° C	8 min
Waschverfahren für 3 Tragetage			
1. Bad	10 g/l	45° C	10 min
2. Bad	8 g/l + 3 g/l Na_3PO_4	90–95° C	18 min
Spülen	4mal je 2 min		

Anschließend wurden die Wäschestücke geschleudert und im Tumbler bzw. auf der Mangel getrocknet und geglättet.

Um den Einfluß unterschiedlicher Waschverfahren auf den Erhaltungszustand der Wäsche möglichst praxisnahe zu untersuchen, wurden zusätzliche *Waschversuche in einem Vollautomaten* durchgeführt. Es handelte sich um eine Haushalttrommelwaschmaschine von ca. 50 l Trommelinhalt und 3 Mitnehmerrippen. Aus den bei dem Vollautomaten vorhandenen 10 Waschprogrammen wurden die folgenden 3 Programme ausgewählt. Von jedem Waschprogramm wurde ein Temperatur-Zeit-Diagramm angefertigt. Die effektive Laufzeit des Vollautomaten wurde mit Hilfe des Laufzeitzählers gemessen. Als Waschmittel diente ein handelsübliches Spzialwaschmittel für Trommelwaschmaschinen.

A) Waschverfahren für leicht verschmutzte Kochwäsche

Programm bestehend aus:	1 Waschbad, Vorspülen, 4 Spülgänge mit Schleudern (s. Diagramm 1)
Wäschemenge:	3,5 kg
Füllverhältnis:	14 l/kg
Flotte:	17 l
Flottenverhältnis:	5 l/kg
Waschmittelzugabe:	100 g Vollwaschmittel = ca. 30 g/kg Trockenwäsche

B) Waschverfahren für normal verschmutzte Kochwäsche

Programm bestehend aus:	1 Vorwäsche und 1 Klarwäsche, Vorspülen, 4 Spülgänge mit Schleudern (s. Diagramm 2)		
Wäschemenge:	3,5 kg		
Füllverhältnis:	14 l/kg		
Flotte:	17 l		
Flottenverhältnis:	5 l/kg		
Waschmittelzugabe:	Vorwäsche:	90 g Vollwaschmittel	ca. 50 g/kg Trockenwäsche
	Klarwäsche:	90 g Vollwaschmittel	

C) Waschverfahren für stark verschmutzte Kochwäsche

Programm bestehend aus:	doppelter Vorwäsche, 1 Klarwäsche mit verlängerter Nachwaschzeit, Vorspülen, 4 Spülgänge mit Schleudern (s. Diagramm 3)		
Wäschemenge:	3,5 kg		
Füllverhältnis:	14 l/kg		
Flotte:	17 l		
Flottenverhältnis:	5 l/kg		
Waschmittelzugabe:	1. Vorwäsche:	90 g Vollwaschmittel	ca. 70 g/kg Trockenwäsche
	2. Vorwäsche:	90 g Vollwaschmittel	
	Klarwäsche:	45 g Vollwaschmittel	

Je Waschverfahren wurden 50 Wäschen durchgeführt, wobei jeweils ein Waschgangkontrollstreifen aus Krefelder Baumwoll-Standardgewebe 25- und 50mal sowie ein Krefelder Bleichtestgewebestreifen 10-, 20-, 30-, 40- und 50mal mitgewaschen wurden.

Nach Abschluß der 3 verschiedenen Waschverfahren wurden die mitgewaschenen Kontrollgewebe auf Reißkraftverlust, chemische Faserschädigung, Aschegehalt und Weißgrad untersucht. An dem Bleichtestgewebe wurde die Remission gemessen und daraus die Bleichintensität (BI) berechnet.

4. Prüfung der getragenen Wäschestücke

Die jeweils 25 Wiederholungen der Trage- und Waschversuche ergaben bei 1, 3 und 5 Tragetaschen insgesamt 25, 75 und 125 Tragetage für die verschiedenen Wäschestücke. Nach dieser Benutzungszeit wurde an den Wäschestücken der *Festigkeitsverlust* ermittelt, der durch die Gebrauchs- und Wascheinflüsse verursacht worden war. Um die Wäschestücke nicht zerschneiden zu müssen, was bei der Bestimmung des Reißkraftverlustes erforderlich gewesen wäre, wurden die Festigkeitsverluste mit Hilfe des Punktierdynamometers bestimmt. Hierbei wird durch Eindrücken eines 7 mm breiten Stößels die Punktierfestigkeit geprüft [11].
Zur Ermittlung der *chemischen Schädigung* der Wäschestoffe durch die Gebrauchs- und Wascheinflüsse wurde die Bestimmung des Durchschnitts-Polymerisationsgrades herangezogen. Die Durchführung erfolgte nach der geänderten FaChemFa$_2$-Methode [12]. Aus dem Durchschnitts-Polymerisationsgrad wurde der Schädigungsfaktor nach EISENHUTH [13] errechnet, aus dem Rückschlüsse auf den Molekülabbau der Baumwolle (Faserschädigung) gezogen werden können.
Weiterhin wurde der *Aschegehalt* an den 25mal getragenen und gewaschenen Wäschestücken bestimmt. Hierfür wurden 2–3 g große Gewebeabschnitte verbrannt und dann 30 min bei 800°C geglüht. Ein höherer Aschegehalt der Wäsche kann sich ungünstig bei Trageversuchen auswirken. Er verleiht der Wäsche einen harten, rauhen Griff. Inkrustierte Textilien sind vor allem gegen Scheuereinflüsse empfindlicher, so daß sich stärker im Gebrauch beanspruchte Stellen eher abnutzen.
Auch die Bestimmung des *Restfettgehaltes* ist für die Untersuchungen sehr aufschlußreich. Er zeigt an, welche Mengen Hautoberflächenfett beim Tragen in die Wäsche eingedrungen sind und durch das Waschen nicht mehr entfernt werden können. Da die einzelnen Wäschestücke ganz verschiedenen Kontakt mit der Haut beim Tragen gehabt haben, wurden sowohl in dem oberen Bereich, in der Mitte und im unteren Bereich der Wäschestücke Proben entnommen. Die Bestimmung des Restfettgehaltes erfolgte durch Extraktion mit Benzol–Methanol (Mischungsverhältnis 9 : 1) im Soxlet-Apparat bei 8maligem Überlauf.

III. Versuchsergebnisse

1. Untersuchung der 3 verschiedenen Waschverfahren

Die bei den 3 verschiedenen Waschverfahren

A) 1-Bad-Verfahren für leicht verschmutzte Kochwäsche,

B) 2-Bad-Verfahren für normal verschmutzte Kochwäsche,

C) 3-Bad-Verfahren mit verlängerter Nachwaschzeit in der Klarwäsche für stark verschmutzte Kochwäsche

mitgewaschenen Abschnitte aus Krefelder Baumwoll-Standardgewebe zeigten folgende Untersuchungsergebnisse:

	A		B		C	
	25mal gewaschen %	50mal gewaschen %	25mal gewaschen %	50mal gewaschen %	25mal gewaschen %	50mal gewaschen %
a) Reißkraftverlust						
Trockenreißkraft	unter 6	9,8 ± 3	unter 6	14,2 ± 3	11,3 ± 3	21,7 ± 3
Naßreißkraft	unter 6	9,1 ± 3	unter 6	15,6 ± 3	14,2 ± 3	23,4 ± 3
b) Schädigungsfaktor						
50mal gewaschen		0,35		0,5		0,8
c) Glühasche	0,3%	3,0%	0,2%	0,8%	0,2%	0,8%
d) Weißgrad						
R-Wert	82,4	81,1	82,9	81,3	82,4	80,7
RE-Wert	102,8	97,6	103,4	98,6	102,2	99,6
Minderung	3,0	4,3	2,5	4,1	3,0	4,7
Schmutzpigmente	0,6	2,8	–	1,8	0,2	1,9
Farbstoffanteile	2,4	1,5	2,5	2,3	2,8	2,8
e) Bleichintensität						
10mal gewaschen	9,3		13,9		17,2	
20mal gewaschen	21,2		29,7		45,2	
30mal gewaschen	35,3		41,5		65,2	
40mal gewaschen	47,8		55,3		76,5	
50mal gewaschen	56,0		66,7		84,2	

Waschverfahren A

Aus den Untersuchungen (s. Abb. 1 und 2) geht hervor, daß das Waschverfahren A (1-Bad-Verfahren für leicht verschmutzte Kochwäsche) als sehr schonend bezeichnet werden kann.

Der *Reißkraftverlust* liegt nach 50 Wäschen noch unter 10%. Auch der *Schädigungsfaktor* mit 0,35 stellt eine schonende Wasch-Bleichtechnik unter Beweis.

Der *Aschegehalt* nach 50 Wäschen ist allerdings überhöht ausgefallen. Dies beruht darauf, daß bei einem Einsatz von 30 g Vollwaschmittel/kg Trockenwäsche in 20° dH hartem Wasser der Phosphatspiegel zu gering ist, um eine einwandfreie Enthärtung des Wassers vorzunehmen. Es ist daher zur Bildung von anorganischen Inkrustierungen, vornehmlich Kalzium- und Magnesiumphosphaten und -silikaten gekommen.

Der *Weißgrad*, d. h. der R-Wert, ist nach 50 Wäschen um 4,3 Einheiten abgesunken. Nach der Krefelder Hydrosulfit-Probe wurde erkannt, daß diese Weißgradminderung zu etwa $^1/_3$ durch Pigmentschmutz – Folge der geringen Waschmitteldosierung – und zu $^2/_3$ durch Farbstoffanteile, die der mitgewaschenen, kochechten Buntwäsche entstammen, verursacht worden ist.

Der RE-Wert, d. h. der vom Auge wahrnehmbare Weißgrad, ist mit gut zu bewerten.

Die *Bleichintensität* steigt mit zunehmender Anzahl der Wäschen deutlich an. Die verhältnismäßig gute Bleichwirkung ist darauf zurückzuführen, daß in der gering verschmutzten Kochwäsche nur wenige bleichbare Substanzen vorhanden waren.

Waschverfahren B

Das Waschverfahren B (2-Bad-Verfahren für normal beschmutzte Kochwäsche) ist ebenfalls als schonend anzusehen.
Ein *Naßreißkraftverlust* von 15% und ein *Schädigungsfaktor* von 0,5 nach 50 Wäschen sind als guter Durchschnitt für ein 2-Bad-Verfahren zu bewerten.
Der *Aschewert* nach 50 Wäschen liegt unter 1%. Dieser niedrige Wert ist auf die genügende Waschmitteldosierung zurückzuführen.
Der *Weißgrad* liegt etwas höher als bei Waschverfahren A. Der auf dem Kontrollgewebe nach 50 Wäschen vorhandene Pigmentschmutzanteil ist auf Grund des genügenden Schmutztragevermögens der Waschflotte bei richtiger Waschmitteldosierung merklich niedriger als bei Waschverfahren A.
Auch die *Bleichintensität* liegt merklich günstiger als bei Waschverfahren A.

Waschverfahren C

Das Waschverfahren C (3-Bad-Verfahren mit verlängerter Nachwaschzeit in der Klarwäsche für stark verschmutzte Kochwäsche) zeigt im Vergleich zu den Waschverfahren A und B einen etwas stärkeren Faserangriff (höherer *Naßreißkraftverlust* und *Schädigungsfaktor*).
Trotzdem liegen die Werte noch innerhalb des Gütezeichens für sachgemäßes Waschen, so daß das Waschverfahren C für stark verschmutzte Kochwäsche durchaus als zweckentsprechend angesehen werden kann.
Die *Aschewerte* sind praktisch die gleichen wie bei Waschverfahren B.
Die *Weißgradwerte* (R- und RE-Werte) gleichen denen der Waschverfahren A und B.
Der Pigmentschmutzanteil des Kontrollstreifens nach 50 Wäschen ist auf Grund der hohen Waschmitteldosierung gering und fast derselbe wie bei Waschverfahren B.
Die *Bleichintensität* ist infolge der hohen Waschmittelmenge von allen 3 Waschverfahren am höchsten.

2. Untersuchung der getragenen und gewaschenen Wäschestücke

a) Punktierfestigkeit

Die 25mal 1, 3 und 5 Tage getragenen und anschließend nach den 3 verschiedenen Waschverfahren gewaschenen Wäschestücke (Oberhemden, Handtücher, Unterhemden und Kopfkissen) wurden zunächst auf Festigkeitsverlust mit Hilfe des Punktierdynamometers geprüft. Hierdurch war es möglich, die Wäschestücke nicht zu zerschneiden, sondern sie nur örtlich mit Hilfe des Punktierdynamometers zu untersuchen.

Punktierfestigkeit der Stoffe im Anlieferungszustand

Oberhemden	13,9 kg
Kopfkissen, schwere Qualität	22,5 kg
Kopfkissen, leichte Qualität	14,1 kg
Handtuch	23,2 kg

Die Prüfung der getragenen und gewaschenen Wäschestücke erfolgte meist an 2 verschiedenen Gewebestellen, und zwar

1. an einer Stelle, die im Gebrauch stärkeren Beanspruchungen ausgesetzt war, wie z. B. Handtuchmitte, Kopfkissenmitte (Kopflage),
2. an einer Stelle, die im Gebrauch nur wenigen Beanspruchungen ausgesetzt war, wie z. B. oberer Handtuchteil, Kopfkissenrandzone.

Der besseren Übersicht halber werden die Werte der Punktierfestigkeiten nicht in einer Tabelle wiedergegeben, sondern graphisch dargestellt (s. Abb. 3).
Im Verlaufe eines 25maligen unterschiedlichen Tragens und Waschens zeigt der *Oberhemdenstoff* eine Festigkeitsminderung von etwa 40%. Dieser relativ hohe Festigkeitsrückgang ist, wie nachträglich festgestellt werden konnte, auf eine in der Ausrüstung stark gebleichte Neuware zurückzuführen.
Der Einfluß der Tragedauer auf den Festigkeitsverlust des Oberhemdenstoffes ist verhältnismäßig gering. Auch das sofortige Waschen der schmutzigen Oberhemden im Vergleich zum Waschen nach einer Lagerzeit von 4 Wochen hat auf die Festigkeitsänderung des Oberhemdenstoffes praktisch keinen Einfluß ausgeübt. Dasselbe Ergebnis zeigt auch die Prüfung einer weniger oder stärker beanspruchten Rückenpartie des Oberhemdes. Die Beanspruchung von Kragen und Manschetten wird extra bewertet.
Bei den *Handtüchern* zeigt sich mit zunehmender Benutzungsdauer vor allem in der Handtuchmitte infolge einer stärkeren Beanspruchung ein größerer Festigkeitsrückgang. Eine Lagerzeit der schmutzigen Handtücher von 4 Wochen vor dem Waschen hatte auch hier keinen merklichen Einfluß auf die Festigkeit.
Die *Kopfkissen* zeigten den Einfluß der stärkeren Beanspruchung im Mittelbereich (Kopflage) noch deutlicher als die Handtücher. Auch ist hier eine etwas stärkere Festigkeitsabnahme durch die 4wöchige Lagerung der schmutzigen Kopfkissen festzustellen, was dagegen die leichte Kopfkissenqualität kaum aufweist. Außer der prozentualen Festigkeitsänderung ist auch noch auf die Absolutwerte hinzuweisen, die bei der schweren Qualität merklich höher als bei der leichten Qualität sind, d. h., die schwere Qualität weist höhere Festigkeitsreserven auf.
In einem Zusatzversuch wurden alle Kopfkissen auf die *gleiche Anzahl von Tragetagen* gebracht. Hierbei wurden die einen Tag benutzten Kopfkissen insgesamt 125mal benutzt und gewaschen, die 3 Tage benutzten Kopfkissen 42mal und die 5 Tage benutzten Kopfkissen 25mal getragen und gewaschen. Wie die Abb. 4 zeigt, haben durch die gleiche Anzahl von Tragetaschen (125) die nur einen Tag benutzten, aber öfter schonend gewaschenen Kopfkissen (125mal) einen merklich stärkeren Festigkeitsabfall erfahren als die Kopfkissen mit einer gleichen Gesamttragedauer von 125 Tagen aber verringerten Waschbehandlungen (42 bei 3 Tagen und 25 bei 5 Tagen Tragedauer).
Aus diesen Untersuchungen geht hervor, daß bei einem öfteren Wäschewechsel wohl ein kürzeres, sparsameres Waschverfahren angewendet werden kann, daß aber die Festigkeitsabnahme der Wäsche durch die zahlreichen Wäschen größer ist, als wenn die Wäsche länger benutzt und nicht so oft gewaschen wird. Ein öfterer Wäschewechsel spricht jedoch für eine bessere Wäschehygiene und für ein gutes Wohlbefinden des Trägers.

b) Bestimmung des Durchschnitts-Polymerisationsgrades und des Schädigungsfaktors

Zur Ermittlung der Faserschädigung der verschieden lange getragenen und dann gewaschenen Wäschestücke wurde der Durchschnitts-Polymerisationsgrad (DP) bestimmt und durch Umrechnung auf den Schädigungsfaktor (s'F) Rückschlüsse auf den molekularen Faserabbau der Cellulose gezogen. Wie die Abb. 5 aufweist, sind die Schädigungsfaktoren bei den unterschiedlichen Waschverfahren der 1, 3 und 5 Tage getragenen Wäschestücke in etwa gleichartig angestiegen. Dieser Anstieg der Faserschädigung steht mit den zunehmenden Wasch-Bleichmittelmengen der verschiedenen Waschverfahren in ursächlichem Zusammenhang.
Die im Handel gekauften Wäschstücke zeigen einen sehr unterschiedlichen Ausgangs-DP. Wie bereits erwähnt, liegt der DP des Oberhemdenstoffes und des Kopfkissens

leichter Qualität im Anlieferungszustand verhältnismäßig niedrig. Trotzdem zeigen diese beiden Wäschequalitäten einen sehr unterschiedlichen Anstieg des Schädigungsfaktors bei den verschiedenen Trage- und Waschversuchen. Auffällig niedrig sind die s'F bei den Unterhemden, wo es sich um eine Doppelripp-Ware mit sehr gutem Anfangs-DP handelt. Im Gegensatz dazu zeigen die Handtücher (Gerstenkornware) trotz gutem Ausgangs-DP verhältnismäßig hohe s'F. Interessant sind auch die Unterschiede in den s'F bei den beiden verschiedenen Kopfkissenqualitäten.
Diese Befunde zeigen eindeutig, daß die chemische Faserschädigung von Wäschestücken sehr erheblich durch den unterschiedlichen textil-technologischen Aufbau beeinflußt wird. Diese Beobachtung und Feststellung deckt sich mit den Befunden der Arbeiten der Wäschereiforschung Krefeld über den Verlauf des Faserabbaues bei ein- und mehrlagigen Geweben [14].

c) Glühasche und Restfettgehalt (s. Tabelle)

Die *Glühasche*, die Aufschluß über die Inkrustation der verschiedenen Wäschestücke nach unterschiedlichen Wäschen gibt, ist trotz Verwendung von Hartwasser (20° dH) zum Waschen und Spülen bei allen Wäschearten bis zur 25. Wäsche als niedrig zu bezeichnen. Diese geringen Glühaschewerte sind auf den hohen Waschmitteleinsatz zurückzuführen, wobei vor allem der hohe Phosphatgehalt der Vollwaschmittel die Härtebildner des Wassers abgefangen hat. Bemerkenswert ist die etwas höhere Glühasche bei den jeweils 5 Tage lang getragenen Unterhemden und Kopfkissen nach einer Tragedauer von 125 Tagen.
Bei der *Restfettbestimmung*, wobei es sich hauptsächlich um Hautoberflächenfett handelt, wurden bei den verschiedenen Wäschestücken recht unterschiedliche Werte ermittelt. Die niedrigsten Restfettwerte ergaben die *Oberhemden.* Die Proben aus den Schulterstücken enthalten nur unwesentlich mehr Fettanteile als die Proben aus den unteren Hemdenbereichen, da durch das gleichzeitige Tragen von Unterhemden keine direkte Auflage auf der Haut stattfand. Demgegenüber weisen die *Unterhemden* im oberen Schulterteil beachtlich hohe Restfettanteile auf, denn diese Wäschestücke sind während der Tragebeanspruchung ständig einer direkten Hautberührung ausgesetzt gewesen. Im unteren Bereich der Hemden sind die Restfettwerte erheblich niedriger ausgefallen. Dies beruht darauf, daß die Talg- und Schweißdrüsen an der Schulterpartie des Menschen erheblich zahlreicher sind als an der unteren Rückenpartie.
Bei den *Kopfkissenbezügen* enthält der mittlere Bereich (Kopflage) bemerkenswert mehr Restfett als die wenig beanspruchten Randzonen. Zwischen der leichten und schweren Qualität der Kopfkissen sind praktisch keine Unterschiede festzustellen. Wie bereits in früheren Arbeiten [15] nachgewiesen werden konnte, bereitet die Auswaschbarkeit des Hautoberflächenfettes aus baumwollener Wäsche erhebliche Schwierigkeiten. Auch hier spielt der textiltechnologische Aufbau eine gewisse Rolle. So sind die Restfettanteile bei leichten Warenqualitäten meist etwas geringer als bei schweren Warenqualitäten.
Die Höhe des Restfettgehaltes ist weiterhin von der Waschmitteldosierung, der Höhe der Waschtemperatur und der Länge der Nachwaschzeit bei Höchsttemperatur abhängig [16]. So hat z. B. die Verschärfung des zweiten Waschbades für die 5 Tage getragenen Wäschestücke durch die Zugabe von 3 g/l Trinatriumphosphat (Na_3PO_4) trotz eines höheren Hautfettangebotes während der 125 Tragetage vergleichsweise eine geringere Restfettmenge bedingt.
Durch die 4wöchige Lagerung der schmutzigen Wäschestücke wurde keine Änderung der Restfettmengen festgestellt. Dagegen wurden Schwierigkeiten in der Schmutzauswaschbarkeit an den stärker verschmutzten Bereichen der verschiedenen Wäsche-

Tab. 1 Glühasche und Restfettgehalt von Wäsche nach Gebrauchs- und Waschbeanspruchungen

Wäscheart	Tragezeit	Tragedauer	Glühasche (%)	Restfettgehalt (%) wenig beanspruchter Teil	viel beanspruchter Teil
Oberhemden	1	25	0,2	0,2	0,6
	3	75	0,2	0,3	0,8
	5	125	0,2	0,3	0,8
Unterhemden	1	25	0,8	0,8	2,5
	3	75	0,5	1,0	3,5
	5	125	0,9	0,8	2,2
Handtücher	1	25	0,3	0,3	0,5
	3	75	0,4	0,4	0,8
	5	125	0,3	0,3	1,1
Kopfkissen, *schwere* Qualität	1	25	0,4	0,6	1,1
	3	75	0,4	0,7	1,6
	5	125	0,7	0,4	1,3
Kopfkissen, *leichte* Qualität	1	25	0,4	0,6	1,0
	3	75	0,3	0,6	1,8
	5	125	0,8	0,6	1,2

stücke beobachtet, z. B. an Kragen und Manschetten der Oberhemden, Schulterpartie der Unterhemden, Mittelbereich der Kopfkissen und der Handtücher.

d) Weißgrad

Der Weißgrad ist bei allen Wäschestücken in Gegenüberstellung zum Ausgangswert durch die in den Waschmitteln vorhandenen optischen Aufheller (Weißtöner) praktisch gleich hoch angestiegen. Auch die höhere Menge Hautfett enthaltenden Teile der Wäschestücke, wie z. B. Schulterpartie der Unterhemden, Mittelzone der Kopfkissen, weisen fast den gleichen Weißgrad auf wie die weniger Resthautfett enthaltenden Randzonen.

Erfahrungsgemäß ist Hautfett bleichbar, so daß die in den Vollwaschmitteln enthaltenden Bleichmittelmengen auch das Resthautfett der öfter getragenen und gewaschenen Wäschestücke gebleicht haben. Erst nach längerer Lagerung können in den noch Resthautfett enthaltenden Stellen durch Autoxidation wieder gelbe Stellen entstehen. Da keine charakteristischen Unterschiede im Weißgrad vorhanden sind, wird von einer Wiedergabe der Einzelwerte abgesehen.

e) Örtliche Verschmutzung bzw. Vergilbung und Schadensbildung

Die Beurteilung der in 20 Erprobungsperioden (jeweils 1, 3 und 5 Tage getragen und dann gewaschen bzw. 4 Wochen gelagert und dann erst gewaschen) eingetretenen örtlich begrenzten Verschmutzungen und Vergilbungen sowie Beschädigungen an den *Kragen und Manschetten der Oberhemden* erfolgte durch eine visuelle Abmusterung durch 5 Institutsangehörige (s. Tab. 2). Darin bedeutet:

0 = sauber gewaschen, keine Beschädigung
1 = nur gering verschmutzt bzw. geringe Beschädigungen
2 = mittelmäßige Verschmutzung bzw. mittlere Beschädigungen
3 = starke Verschmutzung bzw. starke Beschädigungen

Es soll noch bemerkt werden, daß zur Ermittlung der Reinigungswirkung jeweils die rechte Manschette der getragenen Oberhemden mit einer weichen Bürste gebürstet wurde.

Wie aus der Tabelle hervorgeht, ist an der Kragenumschlagkante und an den Manschetten der Oberhemden mit der Erhöhung der Tragetage von 1 auf 3 und auf 5 Tage eine deutliche Zunahme der Vergrauung und Vergilbung festzustellen. Dies beruht darauf, daß die Oberhemden an diesen Stellen während des Tragens innig mit der Haut in Berührung kommen und dadurch Hautoberflächenfett und Schmutzpigmente stark eingerieben werden.

Tab. 2 Örtliche Verschmutzungen bzw Vergilbungen und Beschädigungen an Oberhemden nach 20 Erprobungsperioden

Anzahl der Tragetage	1		3		5	
	Grauton	Vergilbung	Grauton	Vergilbung	Grauton	Vergilbung
Kragenunterkante						
sofort gewaschen	0,3	0,3	1,0	1,0	1,6	1,0
nach 4 Wochen Lagerung	0,6	0,6	1,0	1,6	2,0	2,0
	linke	rechte*	linke	rechte*	linke	rechte*
Manschetten						
sofort gewaschen	0,6	0,3	0,6	0,3	1,0	0,6
nach 4 Wochen Lagerung	3,0	0,3	2,0	1,0	2,0	2,0
Schadensbildung an Manschetten						
sofort gewaschen	0,3	0,3	0,6	1,0	0,6	1,0
nach 4 Wochen Lagerung	0,3	0,3	1,0	1,3	1,0	1,6

* gebürstet

Durch ein Vorbürsten der schmutzigen Randstellen an der rechten Manschette, d. h. örtlich verstärkte Mechanik, wurde eine bessere Sauberkeit erreicht. Werden die Oberhemden sofort nach dem Tragen gewaschen, so ist die Schmutzauswaschbarkeit bedeutend besser, als wenn die schmutzigen Oberhemden 4 Wochen lagern und dann erst gewaschen werden. Dieses Ergebnis bestätigt die allgemeinen Beobachtungen, daß sich eine längere Lagerung schmutziger Wäsche ungünstig auf die Schmutzauswaschbarkeit auswirkt.

Die Abmusterung der *übrigen Wäschestücke (Kopfkissen, Handtücher und Unterhemden)* ergab keine so klaren Unterschiede wie die Oberhemden, wenn schon Träger und Halspartie der Unterhemden sowie die mittleren Bereiche der Handtücher und Kopfkissen, die im Gebrauch stärkeren Verschmutzungen ausgesetzt sind, teilweise nicht so klar nach dem Waschen erscheinen wie die weniger beanspruchten Stellen dieser Wäschestücke. Eine Rolle dürfte auch hierbei wieder der technologische Aufbau der Wäschestücke spielen. So werden diese z. T. lockerer eingestellten und aus nicht so feinfädigen Garnen bestehenden Wäschestücke leichter und kräftiger von der Waschlösung durchflutet und mechanisch durcharbeitet. Diese bessere Durchwaschbarkeit hat auch eine gleichmäßigere Reinigungswirkung derartiger Wäschestücke zur Folge.

3. Abmusterung der länger benutzten Wäschestücke und Gebrauchsschäden

a) Oberhemden

Nach 25- bis 30maligem Tragen und Waschen traten an den Oberhemdenkragen charakteristische Schadensbildungen auf (s. Abb. 6). Diese Abbildung gibt die Kragen von 3 Versuchspersonen nach 25, 75 und 125 Tragetagen wieder. Während die Kragenvorderkante der Oberhemden nach 25 Tragetagen bei allen Versuchspersonen (A 1, B 1, C 1) noch einwandfrei beschaffen ist, zeigen die Kragen nach 75 Tragetagen (A 3, B 3, C 3) eine unterschiedliche Aufscheuerung der Vorderkante. So ist der Kragen B 3 kaum durchgescheuert, der Kragen A 3 dagegen stark und der Kragen C 3 etwas angescheuert. Die Abb. 7 zeigt in einer Vergrößerung die starken Aufscheuerungen der Kragenvorderkante des Oberhemdes A 3. Nach 125 Tragetagen (A 5, B 5, C 5) sind diese unterschiedlichen Anscheuerungen der Kragenvorderkante noch deutlicher ausgeprägt.

Um diese unterschiedlichen Aufscheuerungen der Kragenvorderkante der 3 Versuchspersonen trotz gleicher Hemdenstoffqualität und gleicher Benutzungszeit und Waschverfahren erklären zu können, wurden die Tragegewohnheiten der Versuchspersonen näher untersucht. Es ergab sich folgendes:

Die Versuchsperson A trug während des ganzen Tages die Anzugjacke aus einem verhältnismäßig scharf gedrehten Kammgarn. Die Versuchsperson B zog während des Tages das Jackett aus und trug einen baumwollenen Labormantel und abends eine flauschige Hausjacke, während die Versuchsperson C ebenfalls tagsüber nur einen baumwollenen Labormantel trug, abends dagegen eine Anzugjacke. Diese voneinander deutliche abweichenden Tragegewohnheiten der Versuchspersonen haben die unterschiedlich starken Schadensbildungen an der Vorderkante der Oberhemdenkragen bedingt.

Diese Befunde zeigen deutlich auf, daß bei vergleichenden Trageversuchen zur Ermittlung des Gebrauchswertes von Textilien die jeweiligen Tragegewohnheiten der Versuchspersonen von entscheidendem Einfluß sind.

b) Unterhemden, Kopfkissen und Handtücher

Die 25mal gewaschenen *Unterhemden* mit 25, 75 und 125 Tragetagen zeigen noch keine Beschädigungen. Werden diese Unterhemden jedoch weiter getragen und gewaschen, z. B. ca. 100mal, dann entstehen an den Trägern vor allem an den dickeren Nähten Anscheuerungen und Beschädigungen (s. Abb. 8; A 1, B 1 und C 1). Die übrigen Unterhemdenteile sind dagegen noch intakt. Durch das öftere Waschen erfährt die Trikotware eine gewisse Vorschädigung, so daß sie an denjenigen Stellen, die im Gebrauch einer stärkeren Scheuerbeanspruchung ausgesetzt sind, z. B. Träger, zuerst verschleißen.

Bei den *Kopfkissen und Handtüchern* wurden ähnliche Beobachtungen gemacht. Auch hier traten in den stärker beanspruchten Mittelzonen bei öfterem Gebrauch und Waschen zunächst dünne Stellen ein, die sich allmählich durchscheuerten, während die Randzonen noch eine ausreichende Festigkeit besaßen. Somit wurden auch diese Wäschestücke in ihrer Lebensdauer weniger durch das Waschen als vielmehr durch die mechanische Beanspruchung beim Tragen beeinträchtigt.

IV. Zusammenfassung

Aus den umfangreichen, sich fast über 2 Jahre erstreckenden Trage- und Waschversuchen an Oberhemden, Unterhemden, Kopfkissen und Handtüchern geht folgendes hervor:

1. Um einwandfreie Aussagen über den Gebrauchswert von Wäschestücken zu machen, ist es erforderlich, sowohl Trage- als auch Waschversuche durchzuführen. Diese Kombination beansprucht zwar einen erheblich längeren Zeitraum, gibt jedoch auch eine eindeutige Auskunft über die Lebensdauer der Textilien.
2. Werden Wäschestücke durch unterschiedliche Tragedauer verschieden stark verschmutzt, so sind, um eine gleich gute Reinigungswirkung zu erzielen, entsprechend dem Verschmutzungsgrad 3 verschiedene Waschverfahren durchzuführen:
   a) 1-Bad-Verfahren für leicht verschmutzte Wäsche
   b) 2-Bad-Verfahren für normal verschmutzte Wäsche
   c) 3-Bad-Verfahren mit verlängerter Nachwaschzeit in der Klarwäsche für stark verschmutzte Wäsche
3. Diese 3 Waschverfahren geben auf Grund des unterschiedlichen Einflusses der 4 Faktoren Zeit, Chemie, Temperatur und Mechanik eine ansteigende Festigkeitsminderung und einen zunehmenden chemischen Faserabbau der Wäschestücke bei gesteigerter Bleichintensität.
4. Werden Wäschestücke – etwa Oberhemden, Unterhemden, Handtücher und Kopfkissen – einer gleichen Anzahl von Waschbehandlungen, jedoch unterschiedlichen Tragezeiten – 1, 3 und 5 Tage – ausgesetzt, so zeigt sich, daß an den im Gebrauch stärker beanspruchten Stellen eine höhere Festigkeitsminderung eintritt. Erhöht man jedoch die Anzahl der Waschbehandlungen, so daß in allen Fällen die gleiche Anzahl von Tragetagen erreicht wird, so weisen die öfter schonend gewaschenen Wäschestücke einen bemerkenswert höheren Festigkeitsabfall auf als die länger getragenen, aber nur weniger oft gewaschenen Wäschstücke.
5. Bei einem öfteren Wäschewechsel kann ein kürzeres, sparsameres Waschverfahren angewendet werden. Dieser hat sowohl eine bessere Wäschehygiene als auch ein gutes Wohlbefinden des Trägers zur Folge.
6. Der Schädigungsfaktor, der Aufschluß über den chemischen Faserabbau der getragenen und gewaschenen Wäsche gibt, ist mit dem gesteigerten Bleichmittelangebot der Waschmittel in den 3 Waschverfahren fast gleichmäßig angestiegen. Es muß jedoch bemerkt werden, daß der chemische Faserabbau von dem textiltechnologischen Aufbau der Wäschestücke abhängig ist.
7. Die Aschewerte der 3 verschiedenen Waschverfahren sind auf Grund der reichlich bemessenen Waschmittelmengen trotz Verwendung von Hartwasser nur gering angestiegen. Merkliche Unterschiede weisen die Resthautfettmengen der verschiedenen Wäschestücke auf. Dies beruht auf dem unterschiedlichen Kontakt der Wäschestücke mit der Haut während der Benutzung. Auch hier bestätigte sich wieder, daß Hautfetteinlagerungen aus Baumwollwäsche schwierig auswaschbar sind.

8. Eine 4wöchige Lagerung der schmutzigen Wäsche vor dem Waschen hat praktisch keinen Einfluß auf die Festigkeitsminderung und den Schädigungsfaktor der Textilien ausgeübt. Dagegen wird die Schmutzauswaschbarkeit durch längeres Lagern der schmutzigen Wäsche erheblich erschwert.
9. Die Lebensdauer von Wäschestücken wird weitgehend durch die mechanische Beanspruchung beim Tragen beeinflußt. Ein großer Teil unserer Wäsche wird nicht abgewaschen, sondern nutzt sich an den im Gebrauch stärker beanspruchten Stellen schneller ab.
10. Bei einer Gesamtbeurteilung des Gebrauchswertes von Wäschestücken sind viele Einzelfaktoren zu berücksichtigen. So sind die Tragegewohnheiten der Versuchspersonen unbedingt zu beachten. Auch sind der textiltechnologische Aufbau sowie die Konfektionierung der Wäschestücke von Bedeutung.

V. Literaturverzeichnis

[1] Sommer, H., Handbuch der Werkstoffprüfung, Prüfung von Textilien, Springer Verlag 1960.

[2] Böhringer, H., Faserforschung und Textiltechnik 7 (1956), 27–38; 5 (1954), 9–14, 55–59, 91–99, 159–168, 193–203, 242–253; Melliand Textilberichte 43 (1962), 585, 695.

[3] Ilg, J., Textil-Praxis 17 (1962), 266; Ztschr. ges. Textilind. 65 (1963), 98–100.

[4] Sommer, H., Melliand Textilberichte 44 (1963), 137.

[5] Bock, H., Chemiefasern 14 (1964), 760–766.

[6] Kuschinka, R., Wäschereitechnik u. -chemie 14 (1961), 498.

[7] Schuster, K., Seifen, Öle, Fette, Wachse 87 (1961), 817.

[8] Stache, H., Wäschereitechnik u. -chemie 15 (1962), 452.

[9] Schimmel, F. M., Melliand Textilberichte 46 (1965), 751–755.

[10] Schmidt, H., Die Hauswirtschaftsmeisterin, Heft 4 (1966).

[11] Das Punktierdynamometer, ein einfaches Textilprüfgerät, Melliand Textilberichte 37 (1956), 974/975.

[12] Vollenbruck, H., Forschungsbericht des Landes NRW, Nr. 18, »Grundlagen zur Erfassung der chemischen Schädigung beim Waschen«, Westdeutscher Verlag, Opladen.

[13] Eisenhut, O., Melliand Textilberichte 22 (1941), 424.

[14] Oldenroth, O., Melliand Textilberichte 43 (1962), 841.

[15] Oldenroth, O., Fette, Seifen, Anstrichmittel 61 (1959), 1142 und 1220; 62 (1960), 13.

[16] Viertel, O., Seifen, Öle, Fette, Wachse 90 (1964), 733–737.

VI. Anhang

a. Diagramme

Ablauf eines Waschprogrammes für leicht verschmutzte Kochwäsche

Diagramm Nr. 1

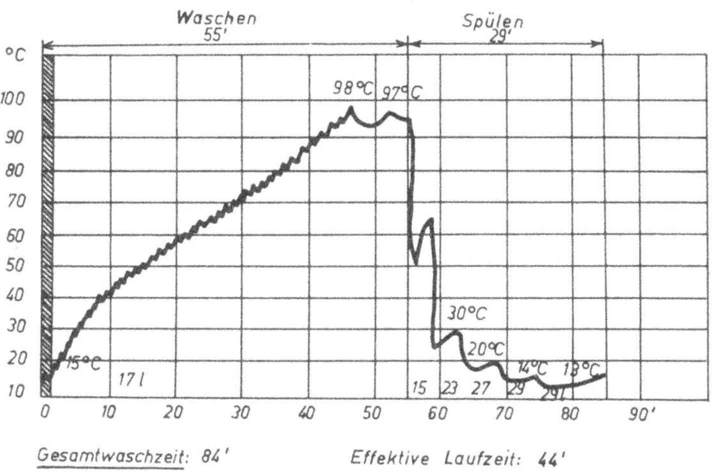

Ablauf eines Waschprogrammes für normal verschmutzte Kochwäsche

Diagramm Nr. 2

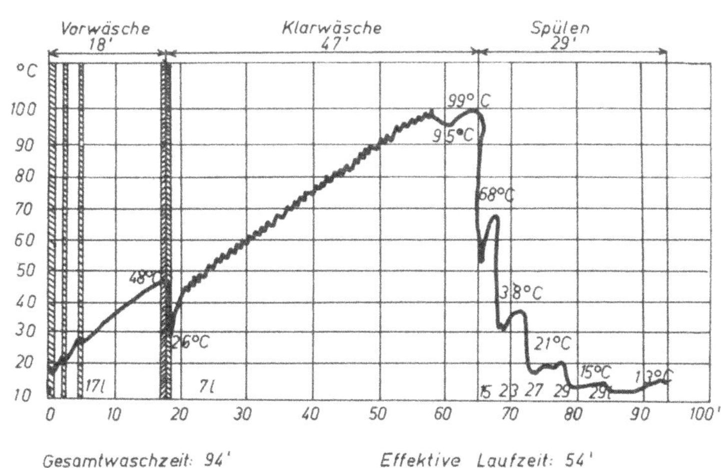

Ablauf eines Waschprogrammes für stark verschmutzte Kochwäsche

Diagramm Nr. 3

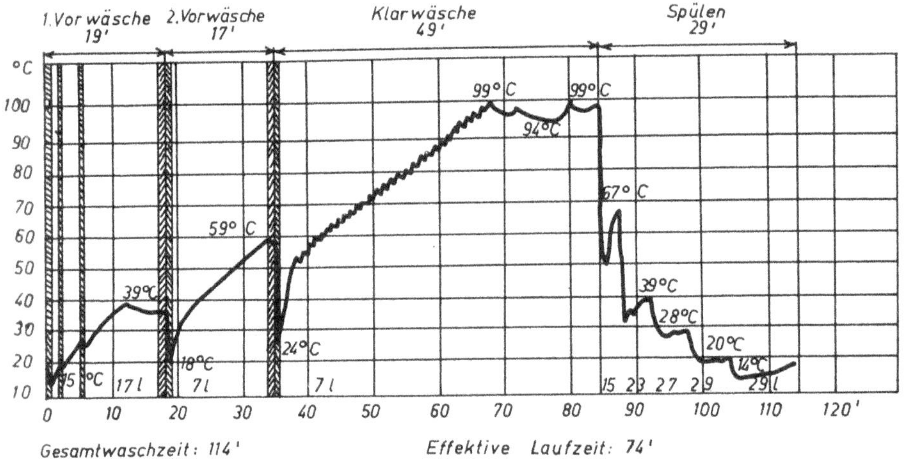

b. Abbildungen

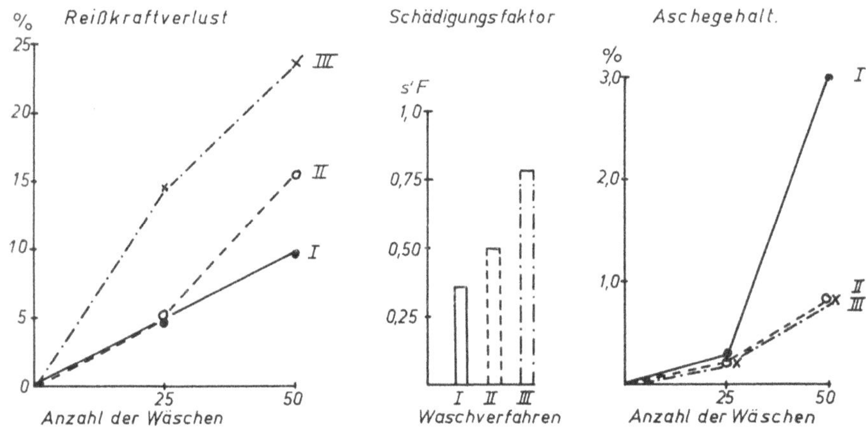

Abb. 1

Weißgrad
RE-Wert
Anzahl d. Wäschen
Aufteilung der
= Weißgradänderung
in
Schmutzpigmentanteile
Farbstoffanteile
Waschverfahren
Bleichintensität
BI
Anzahl der Wäschen

Abb. 2

Festigkeitsänderungen durch 25malige Gebrauchs- und Waschbehandlungen....
.... bei Oberhemden
untere
obere
Rückenpartie
Punktierfestigkeit (kg)
sofort gewaschen
nach 4 Wochen gewaschen
-37%
-40%
.... bei Handtüchern
oberer Teil
Mitte
-15%
-19,5%
Tragedauer
Tragezeit
Tage
Tag(e)
...bei Kopfkissen (schwere Qualität)
Eckzone
Mitte-Kopflage
-14%
-18%
-20%
-28%
.... bei Kopfkissen (leichte Qualität)
Eckzone
Mitte-Kopflage
-11%
-21%
-24%

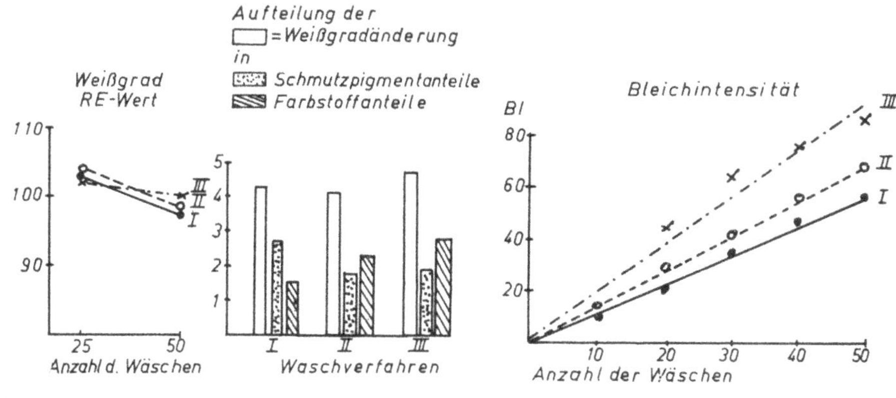

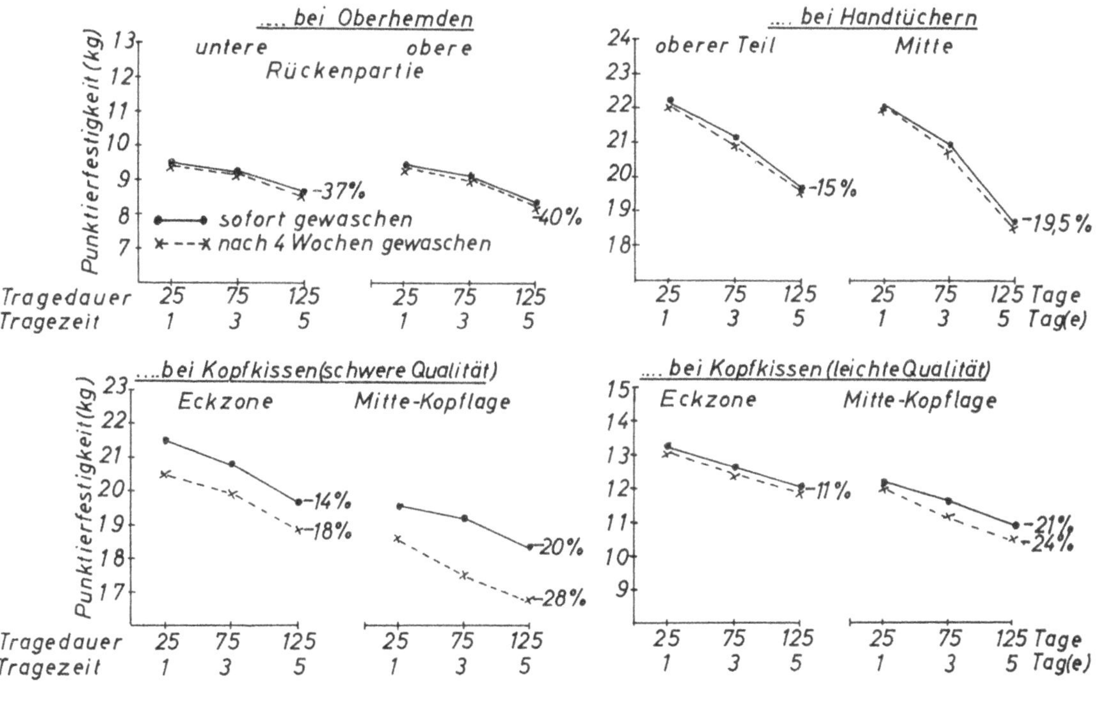

Abb. 3

Festigkeitsabnahme bei Kopfkissen durch Gebrauchs- und Waschbeanspruchungen
kg
Anlieferung schwere Qualität
Anlieferung leichte Qualität
Tragedauer 0 125 125 125
Tragezeit 1 3 5
Anzahl der Wäschen 125 42 25
Tage
Tag(e)

Abb. 4

Bestimmung des Schädigungsfaktors zeitlich unterschiedlich getragener und gewaschener Wäschestücke
Oberhemden
Ausgangs-DP 1170
Unterhemden
Ausgangs-DP 1700
Handtücher
Ausgang-DP 1550
Kopfkissen
schwere Qualität (DP 1360)
leichte Qualität (DP 1160)
nach 125 Tragetagen
s'F
Tragedauer 25 75 125
Tragezeit 1 3 5
Tage
Tag(e)

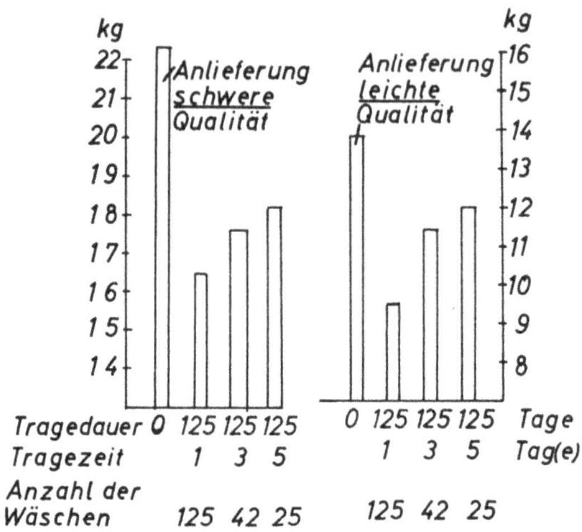

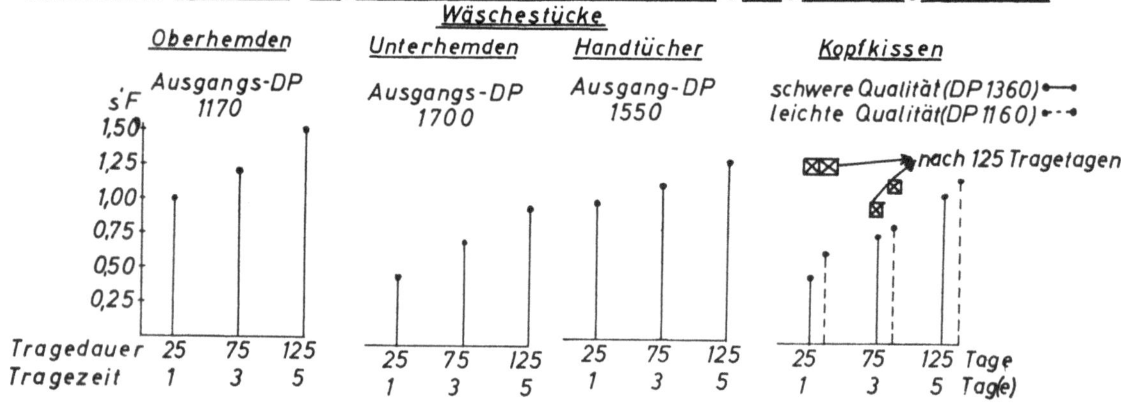

Abb. 5

25 x gewaschen

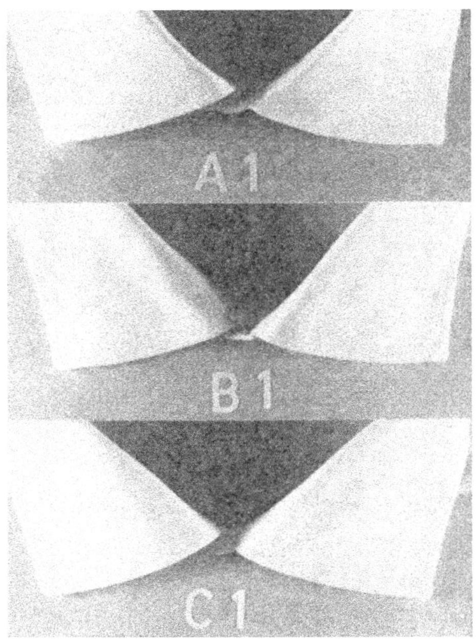

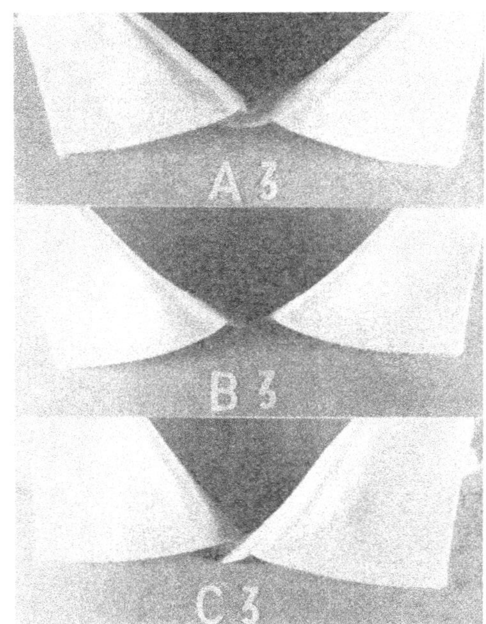

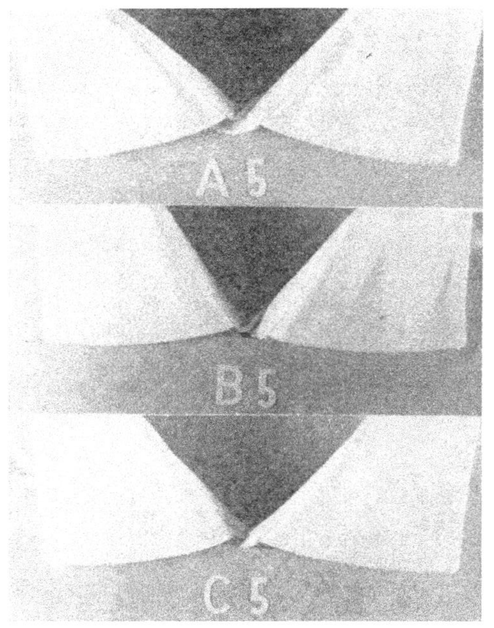

Abb. 6

Abb. 7

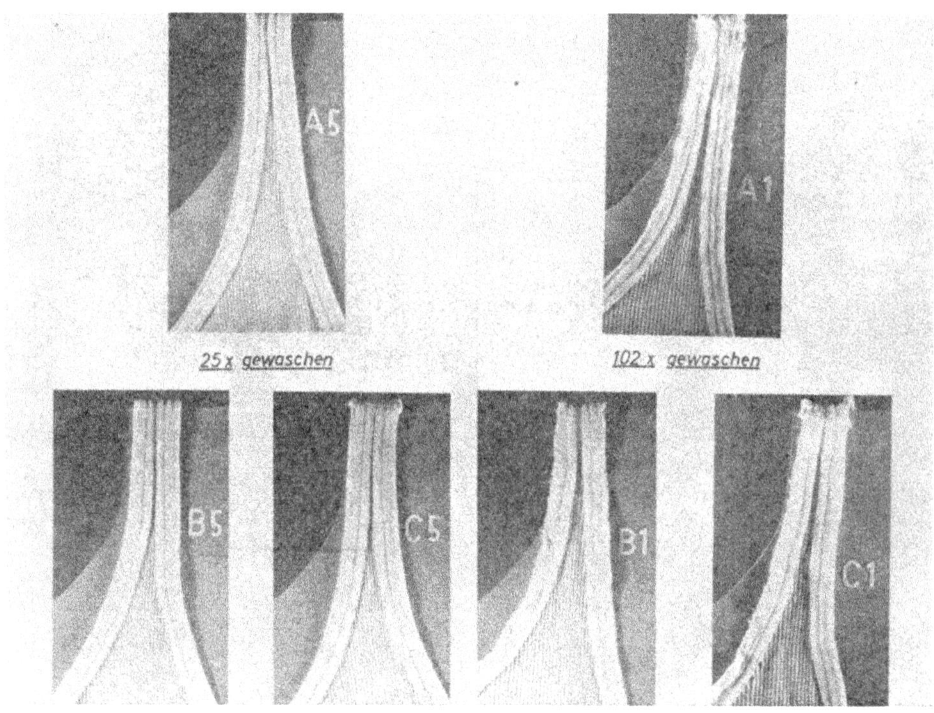

Abb. 8

Forschungsberichte des Landes Nordrhein-Westfalen

Herausgegeben im Auftrage des Ministerpräsidenten Heinz Kühn
von Staatssekretär Professor Dr. h. c. Dr. E. h. Leo Brandt

Sachgruppenverzeichnis

Acetylen · Schweißtechnik

Acetylene · Welding gracitice
Acétylène · Technique du soudage
Acetileno · Técnica de la soldadura
Ацетилен и техника сварки

Arbeitswissenschaft

Labor science
Science du travail
Trabajo científico
Вопросы трудового процесса

Bau · Steine · Erden

Constructure · Construction material · Soil research
Construction · Matériaux de construction · Recherche souterraine
La construcción · Materiales de construcción · Reconocimiento del suelo
Строительство и строительные материалы

Bergbau

Mining
Exploitation des mines
Minería
Горное дело

Biologie

Biology
Biologie
Biologia
Биология

Chemie

Chemistry
Chimie
Quimica
Химия

Druck · Farbe · Papier · Photographie

Printing · Color · Paper · Photography
Imprimerie · Couleur · Papier · Photographie
Artes gráficas · Color · Papel · Fotografía
Типография · Краски · Бумага · Фотография

Eisenverarbeitende Industrie

Metal working industry
Industrie du fer
Industria del hierro
Металлообработывающая промышленность

Elektrotechnik · Optik

Electrotechnology · Optics
Electrotechnique · Optique
Electrotécnica · Optica
Электротехника и оптика

Energiewirtschaft

Power economy
Energie
Energía
Энергетическое хозяиство

Fahrzeugbau · Gasmotoren

Vehicle construction · Engines
Construction de véhicules · Moteurs
Construcción de vehículos · Motores
Производство транспортных · Средств

Fertigung

Fabrication
Fabrication
Fabricación
Производство

Funktechnik · Astronomie

Radio engineering · Astronomy
Radiotechnique · Astronomie
Radiotécnica · Astronomía
Радиотехника и астрономия

Gaswirtschaft

Gas economy
Gaz
Gas
Газовое хозяйство

Holzbearbeitung

Wood working
Travail du bois
Trabajo de la madera
Деревообработка

Hüttenwesen · Werkstoffkunde

Metallurgy · Materials research
Métallurgie · Materiaux
Metalurgia · Materiales
Металлургия и материаловедение

Kunststoffe

Plastics
Plastiques
Plásticos
Пластмассы

Luftfahrt · Flugwissenschaft

Aeronautics · Aviation
Aéronautique · Aviation
Aeronáutica · Aviación
Авиация

Luftreinhaltung

Air-cleaning
Purification de l'air
Purificación del aire
Очищение воздуха

Maschinenbau

Machinery
Construction mécanique
Construcción de máquinas
Машиностроительство

Mathematik

Mathematics
Mathématiques
Mathemáticas
Математика

Medizin · Pharmakologie

Medicine · Pharmacology
Médecine · Pharmacologie
Medicina · Farmacologia
Медицина и фармакология

NE-Metalle

Non-ferrous metal
Metal non ferreux
Metal no ferroso
Цветные металлы

Physik

Physics
Physique
Física
Физика

Rationalisierung

Rationalizing
Rationalisation
Racionalización
Рационализация

Schall · Ultraschall

Sound · Ultrasonics
Son · Ultra-son
Sonido · Ultrasónico
Звук и ультразвук

Schiffahrt

Navigation
Navigation
Navegación
Судоходство

Textilforschung

Textile research
Textiles
Textil
Вопросы текстильной промышленности

Turbinen

Turbines
Turbines
Turbinas
Турбины

Verkehr

Traffic
Trafic
Tráfico
Транспорт

Wirtschaftswissenschaften

Political economy
Economie politique
Ciencias económicas
Экономические науки

Einzelverzeichnis der Sachgruppen bitte anfordern

Westdeutscher Verlag · Köln und Opladen

567 Opladen/Rhld., Ophovener Straße 1–3, Postfach 1620

GPSR Compliance
The European Union's (EU) General Product Safety Regulation (GPSR) is a set of rules that requires consumer products to be safe and our obligations to ensure this.

If you have any concerns about our products, you can contact us on

ProductSafety@springernature.com

In case Publisher is established outside the EU, the EU authorized representative is:

Springer Nature Customer Service Center GmbH
Europaplatz 3
69115 Heidelberg, Germany

www.ingramcontent.com/pod-product-compliance
Ingram Content Group UK Ltd.
Pitfield, Milton Keynes, MK11 3LW, UK
UKHW061701190726
13853UKWH00008B/2332

* 9 7 8 3 6 6 3 0 6 5 2 7 2 *